《辽宁气象灾害图志》编写组

主　　编：李　波　刘　勇

副 主 编：李　辑　王　伟　李长青

执行副主编：韩秀君

成　　员：孙力威　付晓玉　彭耀华　周恩泽
　　　　　王明华　王　颖　赵春连

总 策 划：韩玺山

序

辽宁是全国气象灾害频繁且严重的省份之一。暴雨、干旱、大风、冰雹、霜冻、寒潮、风雪等灾害性天气，常常危害国计民生。特别是近年来全球气候变暖导致的极端天气气候事件不断发生，给国民经济及人民生命财产带来重大的损失。气象部门在做好气象防灾减灾工作的同时，向广大人民群众宣传防灾减灾常识，增强全民防灾减灾意识，对实现经济社会可持续发展、保障人民生命财产安全、促进人类与自然和谐相处具有重要意义。

党中央和国务院高度关注防御气象灾害问题。胡锦涛总书记指出："气象工作非常重要，对于提高防灾抗灾能力，维护人民生命财产安全具有十分重要的意义。"辽宁省气象局在中国气象局和辽宁省政府领导下，坚持把防灾减灾放在首位，依靠科技发展，发挥气象业务、服务优势，为辽宁防灾减灾、经济社会可持续发展献计献策，及时提供科学的决策依据和高质量的气象服务产品。

《辽宁气象灾害图志》的编辑出版，是继《中国气象灾害大典·辽宁卷》出版后的又一部资料性工具书。全书收集了近百年来多灾种气象灾害的过程和造成灾情的照片。照片是历史瞬间的定格，是当时灾情的真实反映。编写组收集了近百年来近千幅照片，经过筛选最后录入六百多幅，期望这本图志能起到承上启下的作用。

今后，辽宁气象灾害资料的收集、整理、研究还将进一步深入，史书的编纂还将延续下去。我们相信，长期、连续的气象图像资料累积，对辽宁的气象灾害防御工作必有益处。

辽宁省气象局局长

2013年10月

目 录

一、气象灾害

二、气象衍生、次生灾害

一、气象灾害

暴雨 洪涝 · 干旱 · 大风 · 冰雹 · 寒潮 风雪
雷电 · 龙卷 · 浓雾 · 沙尘 · 雾凇 雨凇

气象灾害/暴雨 洪涝 1

1906年 东北地区发生严重暴雨洪涝。图为辽宁省建平县的受灾景象。

从洪水淹过的水痕上看已近傍树而立的农妇之肩

家园均被冲毁，一农妇带子女只能栖身于寺庙中

1911年 沈阳火车站遭受暴雨灾害，站前广场地面到处是渍水和淤泥

1912年 东北地区发生暴雨洪涝灾害，灾民流离失所。

逃难灾民进入沈阳沿街流浪

沈阳小南城门楼遭暴雨袭击破损

灾民逃荒在沈阳火车站下车的情景

1914年 暴雨洪涝大发生，沈阳城德盛门（大南门）洪水最深时达两米

1925年 沈阳城内治门（小东门）与瓮城遭暴雨袭击，洪水最深时超过一般人的身高

1936年7月 暴雨肆虐，桓仁县城西门百姓无家可归

1985年8月 9号台风影响辽宁。

辽宁东部因连降暴雨发生山洪，沈丹乙线铁路受灾

大连市区高压电杆被刮断

岫岩县雅河乡玉米遭灾

盘锦市部分地区被洪水淹没

1995年7月25日－8月7日 全省连降4场暴雨、大暴雨。洪水波及9个市、40个县，灾害集中在经济发达的沈阳、鞍山、抚顺、本溪、丹东、辽阳、铁岭等地。由于降雨集中、强度大，造成河水暴涨、水库溢洪，给全省农业、工业、铁路、通讯造成严重损失（见第6～9页）。

沈吉线铁路106千米处路基被洪水冲毁

沈丹线16千米处铁路桥被洪水冲毁

营口市粮库被淹

辽阳市区被淹

大连市区受台风暴
雨影响，树木被毁

大连市受台风暴雨影响，出现渍涝

大连市受台风影响，市区出现涝灾

朝阳市凌源三十家子粮食储备库粮仓倒塌情况

太平湾水电站防洪堤决口，生活区被洪水冲淹

辽河油田被洪水冲淹

铁岭县公路桥被洪水冲毁

沈阳观象台值班员坚守岗位，
坐船施放探空气球

新宾县下营子镇中学校舍被冲毁

解放军某部官兵在
辽中县大坝上抢险

沈大高速公路28～29千米处被洪水淹没冲坏

本溪满族自治县山城子镇陈英村民房被洪水冲毁

沈阳市于洪区大潘村庄稼被淹

辽中县冷子堡民房和庄稼被淹

2003年7月10日
沈阳地区出现暴雨，由于雨急量大，致使大量雨水排不出去，造成城市内涝，交通受阻。

沈阳市区长江街路面积水

沈阳市区“倒骑驴”成了摆渡船

沈阳市区大桥下汽车被困

沈阳市郊被淹

2003年8月9日 大暴雨狂袭沈阳，造成低洼地区大量积水，交通阻塞

2005年8月中旬 辽宁暴雨洪水灾情（见第11~12页）。

8月13日，浑河上游苏子河段的东南杂木大桥坍塌，交通中断

8月13日，铁岭市暴雨洪涝冲毁公路

8月13日，洪水造成道路被毁

8月15日，抚顺市胜利开发区受灾后的村庄

8月15日，沈阳军区汽车技工训练大队的450名官兵在大伙房水库苏家屯浑河闸下游南北100米发生险情的套堤处加固堤坝

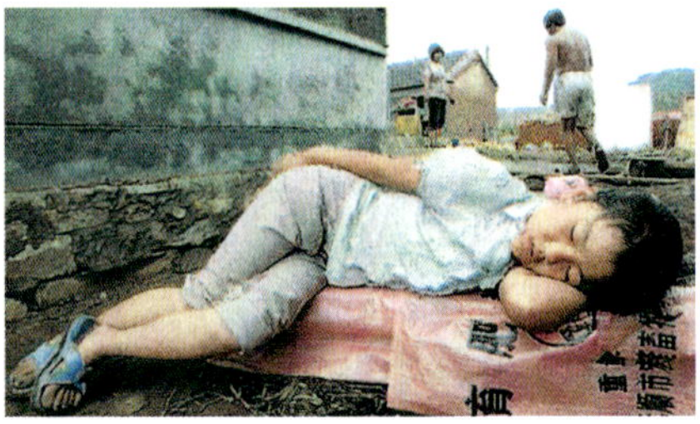

8月16日，灾后苇子峪村收获的玉米被淹已发霉，衣物在晾晒，小孩在地上睡觉

2006年7月–8月上旬 辽宁发生多次暴雨灾害（见第13~14页）。

7月30日，庄河市冰峪沟山洪暴发，部分游客归路受阻，消防官兵紧急参与救援。

7月5日，凌源市区大树被暴雨狂风凌空折断

7月11日，大连市区马路一片汪洋

7月30日，
庄河路段因暴雨造成交通事故

8月1日，盘锦市区暴雨造成汽车水中熄火

8月1日，
营口市熊岳大桥
被洪水冲断

8月3日，
沈阳市区遭暴雨袭击

8月10-12日，长海县遭暴雨袭击，
公路、田园被淹

2007年7月14日
沈阳市文化立交桥下雨急、水积、车挤

2007年8月27日
庄河市突降暴雨，造成市区大量积水

2007年8月26－27日
长海县村民园地因暴雨被淹

2008年7月29日 大石桥市大部分乡镇出现暴雨、大暴雨

2008年7月31日－8月1日 黑山县出现特大暴雨，乡村公路被淹

2010年7月19－21日
辽河下游平原地区出现区域性暴雨，中、小河流水位暴涨，造成多处决口，主要产粮区的农作物受灾严重（见第16～17页）。

法库县玉米高粱地被淹

新民市农田被淹

辽中县用水泵抽水排涝

铁岭地区乡村道路被冲毁

开原县农田水深几乎将农作物淹没

台安县温室大棚被淹

新宾县暴雨成灾

黑山县民宅被淹

盘绵地区民房被冲倒

2010年7月26－27日 新宾县出现暴雨，农田被淹

2010年8月4－5日 葫芦岛地区出现暴雨，道路被毁

2010年8月4－5日 阜新市因暴雨造成城区积水

2010年8月19－20日 阜新地区降暴雨，农作物遭灾

2010年8月19日 丹东市出现暴雨、局地特大暴雨，造成桥梁断毁、道路损坏、民房倒塌

2011年7月20日 沈阳市苏家屯区银杏路10号附近，受风雨影响一棵老树拦路倾倒，把板房屋顶砸穿

2011年7月31日 沈阳市区一夜疾风暴雨，致千株树木倒伏

2011年7月31日 大连市区一场暴雨过后，多处路段出现积水，港湾广场水深半米

2011年8月8日

第9号台风“梅花”影响辽宁

2011年8月30日 庄河市遭遇了史上罕见的暴雨，三小时（6–9时）降雨量达到150毫米，街区一片汪洋

2011年8月30日 庄河市区、兰店乡、光明山镇遭大暴雨袭击，造成房屋进水、倒塌

2012年7月21日 沈阳市区受强对流天气影响，出现短时暴雨，致大部低洼地带内涝。

和平区与铁西区交界的沈辽东路公铁桥附近一公交车被水淹，交警搭梯帮助车上乘客逃险

铁西区保工街北一路公铁桥下，警民合力救出被困车辆

铁西区揽军路立交桥下，一辆小型机动车深陷水中等待救援

2012年7月26－27日 桓仁满族自治县遭暴雨袭击，多处雨量达100多毫米，最大达200毫米，引起山洪暴发、山体滑坡，造成严重损失。

道路被洪水冲毁

消防队员在洪水中救人

一辆货车被洪水淹没

高压电线杆被洪水冲倒，横在路面

村民清理道，迎战洪水

2012年6月2日 沈阳市和平区与铁西区交界处的南八马路公铁桥下，暴雨造成积水将机动车道吞没

2012年8月4-6日 辽宁受热带风暴“达维”影响，大部地区遭暴雨袭击，造成房屋倒塌、桥梁被毁、道路损坏，被困群众达数千人（见第22～26页）。

盖州市境内一片汪洋

盖州市街区大量机动车深陷水中

岫岩满族自治县消防官兵向受灾群众施救

岫岩满族自治县客运车辆被困水中

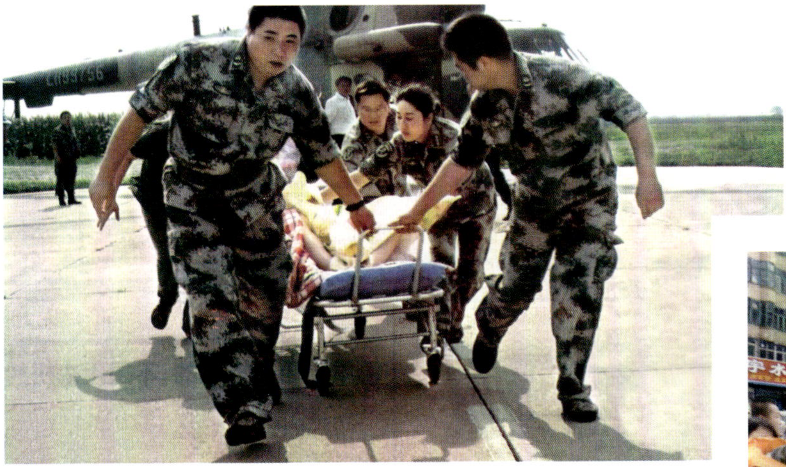

辽阳市出动军用直升机实施紧急救援

辽阳市灾民被安全转移

盖州市救援人员全力转移被困群众

葫芦岛市绥青线山体滑坡300立方米

本溪市消防战士解救群众

桓仁满族自治县警方营救被困人员

桓仁满族自治县灾民坐上铲车被转移到安全地带

盖州市公安干警抢救受灾群众

建昌县一养殖场12名工人被困，冲锋舟无法靠岸，救援人员出动直升机营救

岫岩满族自治县
村民受灾严重

海城市接文镇宋家村房屋和大树被冲毁

海城市高压线塔遭暴雨袭击倒塌

盖州市高屯镇村民在等待救援

沈阳市区风力达到9级，大东区一小区40辆车遭倾倒的树木砸压

海城市受困儿童被救上飞机

海城市接文镇解放军战士奋力救援

海城市孤山镇赵家窑大桥遭暴雨袭击折成数段，大树连根拔起

气象灾害/干旱 2

1920–1924年 东北及华北发生大面积春、夏连旱，造成夏田歉收，秋禾绝产，一些村落甚至井泉干枯，大量灾民举家逃难。

2000年 辽宁遭受了历史上罕见的高温、少雨、干旱天气。全省受灾人口1761万人，受旱农田4319万亩，占耕地面积的76%。直接经济损失达到100.91亿元（见第28～30页）。

大石桥市大面积水田龟裂

铁岭县大面积水田龟裂

义县果树干枯死亡

义县地下水位严重下降，无法正常灌溉

建平县农村饮水困难，农民排队等水

凌源市大面积林木旱死

建平县大面积耕地无法播种

阜新县大面积农田缺苗断垄

兴城市小麦干枯

建昌县玉米成片旱死

营口市老边区鱼池断水

营口市老边区蟹池干涸

营口市老边区大面积水田龟裂、稻禾枯黄

建平县群众抗旱坐水播种

义县群众苦寻水源

朝阳市大部分河道断流

建平县实施抗旱作业

2002–2003年 辽宁干旱
导致树木虫害成灾。

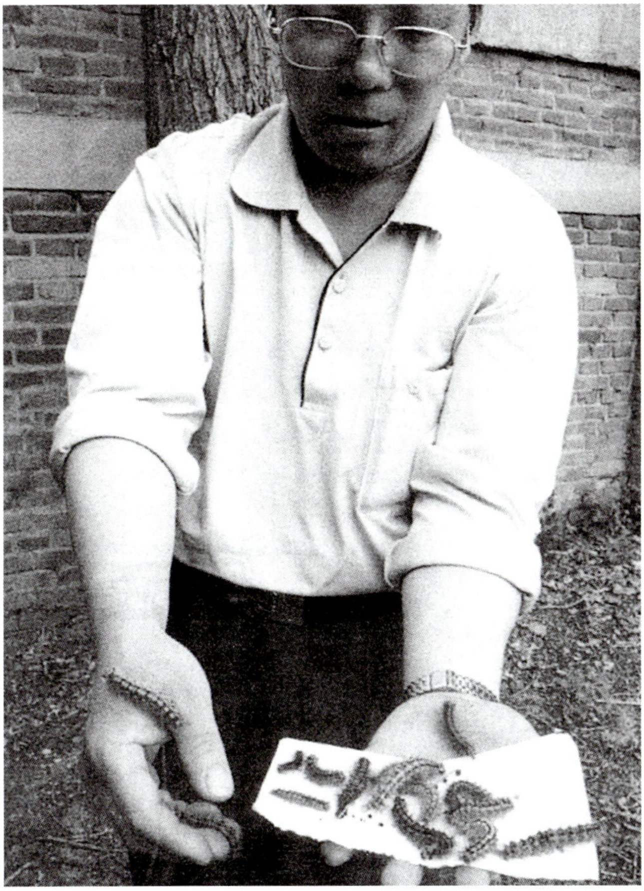

到处都可以收集到“毛毛虫”

钻入树木皮下啃食的害虫异常活跃

成群的害虫布满树干

被侵袭的树木已经变得光秃秃

2004年5月 盘锦市发生旱灾。

大片农田干裂

果农在浇灌果树

农民从河沟汲水抗旱

2002－2004年 康平县卧龙湖连续三年干旱，湖中已无水

2005年8月 朝阳、阜新地区玉米遭受旱灾

2006年 朝阳地区农田干旱龟裂

2006年 阜新地区受旱的花生、玉米、高粱枯死。

2007年6月 阜新地区干旱枯萎的玉米

2008年7月 朝阳市遭受旱灾的玉米

2009年7月 建平县因旱干枯的玉米

2011年3月1日－5月29日
康平县农田出现平均5厘米的干土层。

1972年9月 3号台风在大连登陆，全市渔业受到重创。

风浪把渔船冲上岸，民宅被撞

渔船被风浪冲向山崖

港口防波堤被风浪毁坏

受损渔船近千艘

1985年8月 大连市区受9号台风影响，树木被刮倒无数。

1994年
受15号台风影响，大连地区温室大棚损坏严重

2002年5月 沈阳市区被大风吹倒树木有500多棵

2003年4月 沈阳市大风把百年老树刮倒砸在变电器上，使万家电器烧坏

大风刮倒大树，砸向正在行驶的公交车，乘客受惊

2003年4月 风把巨幅广告拽倒

2003年5月
沈阳市军民奋力扑救因大风造成的新城子粮库大火

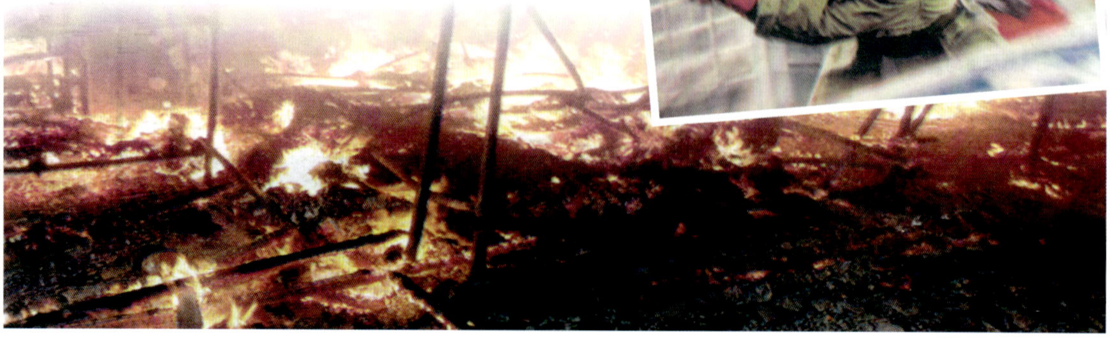

2004年4月 沈阳市区正阳街上一处楼顶广告牌被风吹落，砸中水果摊，砸伤2人

2004年5月 沈阳市大东区一处20米长围墙被大风刮倒，砸死1人，砸伤2人

2005年4月 沈阳市区中山路一长20米、宽5米的广告牌被大风刮倒，砸伤多人

2005年4月 沈阳市区罕见暴风连根拔起上百棵大树

2005年5月 沈阳市区发生多起因大风砸损汽车事件

2005年6月30日 沈阳市大东区一50米长围墙被风刮倒

2005年8月22日
大连市海蜇捕捞船因风浪遇险

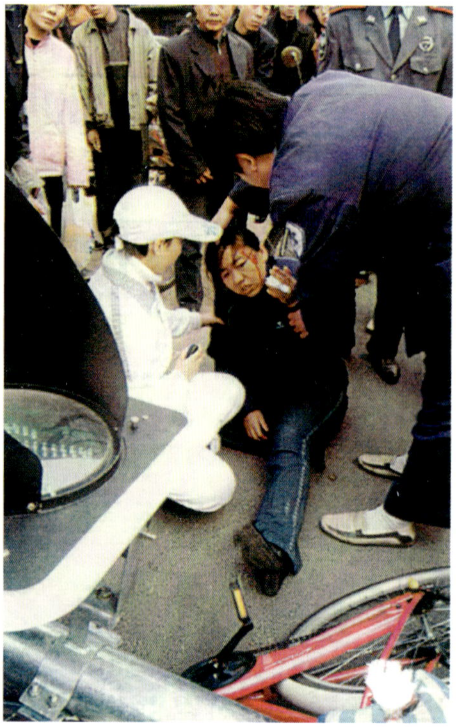

2005年10月24日 沈阳市区三好街交通信号灯被大风刮倒伤及行人

2006年10月11日 本溪高速公路上30米长的桥墩模板被风折断，钢筋扭曲变形，三人遇难

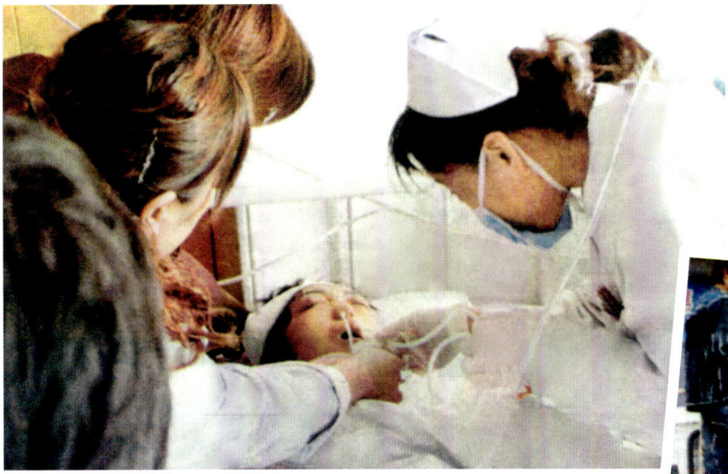

2006年10月19日 沈阳市区一居民被大风刮翻的广告牌砸昏，紧急送往医院救治

2008年4月11日 朝阳县境内因大风引起山林大火，烧毁山林100多亩

2008年4月11日 沈阳市区在广宜街一超市门前广告牌被大风吹倒，砸伤1人，砸坏轿车3辆

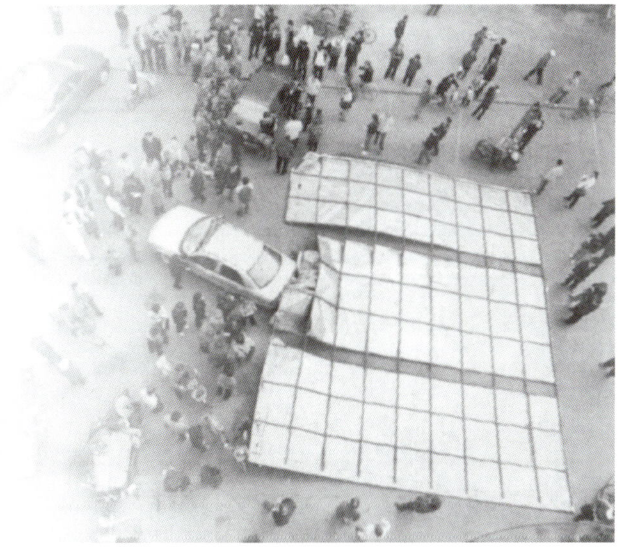

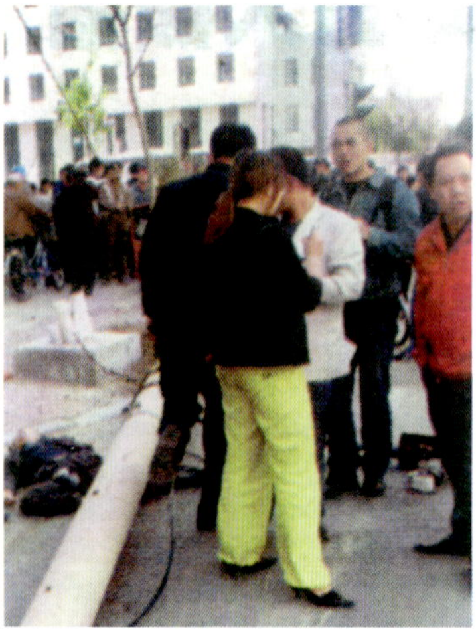

2008年5月3日 沈阳市皇姑区因大风把路边电杆刮倒，当场砸死1人

2008年7月4日 新民市周坨子乡遭飑线袭击，瞬时风力达10级，直接经济损失300万元

2008年7月15日
昌图大部分农田遭受大风袭击

2008年7月16日 绥中县前所、西甸子、高岭、永安四个乡镇遭受风雹灾害

2008年7月17日 法库县农田遭受风雨灾害

2009年4月18日 沈阳市一企业班车途经建设大路爱工北街北口附近，被风刮突然倒伏的大树砸中

2009年8月27日 抚顺市新抚区五十中学门前一棵杨树被大风连根拔起，砸毁停在附近的1辆机动车

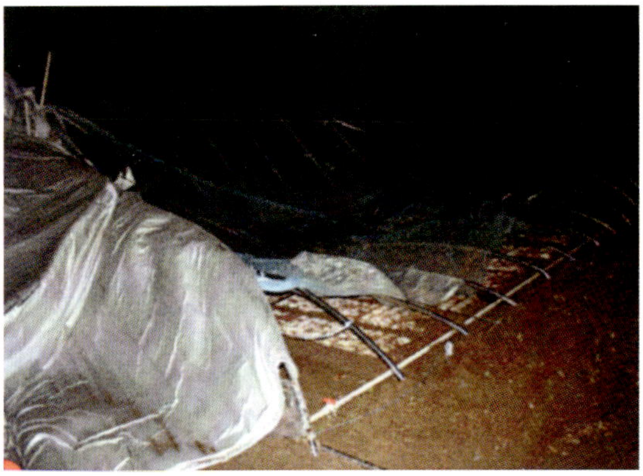

2010年6月26日 清原满族自治县北三家乡双河村遭雷雨强风袭击，蔬菜大棚被掀翻

2010年8月19日 昌图县不少树木被大风折断

2011年5月3日 辽中、新民等地多棵百年大树被风刮倒

2011年5月31日 沈阳市区近千株树木遭受狂风摧残

2011年5月31日 沈阳市区青年大街多棵树木被风刮倒

2011年6月24日 沈阳市园林绿化抢修工人将风刮倒伏压在居民房顶上的大树“肢解”

2011年6月7日 朝阳市龙城区大平房镇黄花滩村发生11级大风，造成多棵树木折断

2011年7月30日 辽中县因大风造成作物倒伏、树木折断

2011年8月20日 新宾满族自治县平顶山镇大东沟村遭受风雹灾害

2011年8月23日 厂房的屋顶被大风卷走，碎片落在大树上

2011年8月23日 4吨重的变电站被大风摧毁，彩钢板像被单一样挂在高处

2011年8月31日 彰武县东六家子镇、二道河子乡遭受雷雨大风、冰雹灾害

2012年3月16日 沈阳市区太原街一商家广告牌被大风吹落

2012年3月21日 大风袭击沈阳市，瞬时风力达到8级，大风惹出一串祸端。

宁山中路多辆机动车被大风掀落的油毡纸和钢筋石块砸坏

青年大街万鑫大厦楼顶一广告牌被风吹落，砸坏停在楼下的多辆机动车

沈河区泉园二路一块长15米宽2米的广告牌被大风刮倒，横卧在人行道上

2012年4月 沈阳市沈北新区与棋盘山交界处因风发生火灾，救援人员奋力扑救

2012年4月17–19日 沈阳连续3日出现大风天气。

4月17日，新民市巨流河北山村一处彩钢房屋顶被大风掀起，将路灯杆砸断，当场砸死1人，重伤1人

4月17日，沈阳浑南一工地塔吊的控制室和平衡臂因大风砸在楼顶上，起重臂挂在楼房上

4月19日晚，张士诚大冷库旁的水果仓库意外失火，火借风势越来越大

2012年5月16日 凌源街区一广告牌被大风吹落，砸中一辆摩托车

2012年5月17日 沈阳市郊宁官乡因风酿成火灾，烧毁70多个温室大棚

2012年5月 沈阳市郊棋盘山林场因风发生森林火灾，武警官兵紧急救援

气象灾害/冰雹

1971年7月17日 海城市遭受雹灾

降雹52小时后，残留的雹粒直径为2~3厘米，最大为5厘米

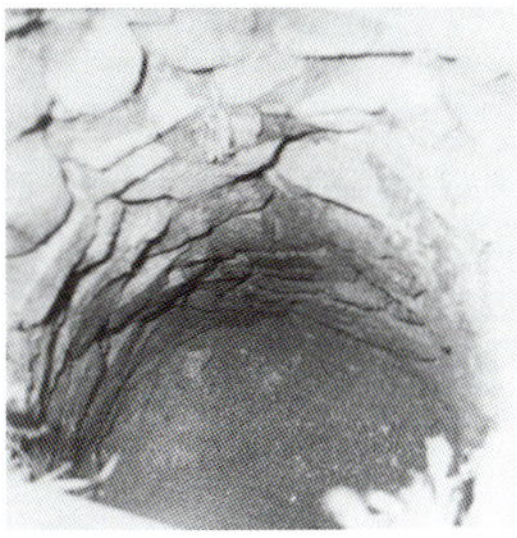

降雹52小时后井内存有的雹粒

1980年7月7、8、10日 建平县古山子公社发生雹灾

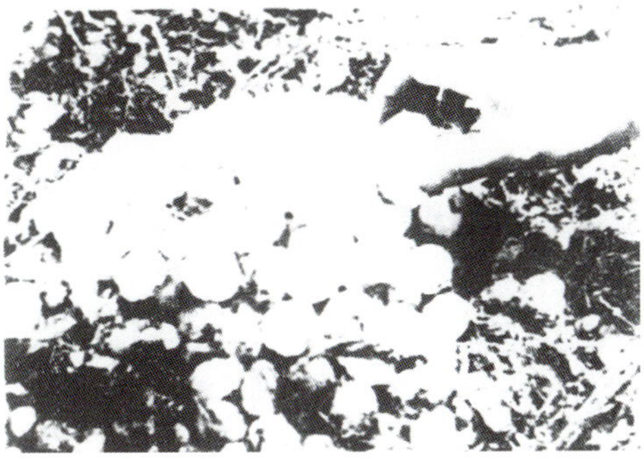

1982年5月27日 凌源县河坎子公社遭受雹灾，冰雹直径最大9厘米，重200克，地面积雹厚13厘米

1984年7月8日 北票县姜家锅铺乡公路沿线一搂粗大树被风刮断、刮倒

1987年7月4日 绥中县降冰雹，白梨被雹打伤

2004年5月19日 新宾县发生雹灾

2004年7月5日 沈阳市铁西区重工南街，来自江西景德镇的40余户业主在展销陶瓷时，突遭冰雹袭击，部分展台和展品被毁，损失30余万元

2005年6月21日傍晚 沈阳市区上空突然阴云笼罩，狂风、雷雨、闪电夹杂着如同鸡蛋大小的冰雹，从西北向东南袭来。

雨水、冰雹瞬间灌满街道

冰雹砸出3000多辆“麻子车”

一幅巨型广告牌被风刮了下来，将一辆停在楼下的倒骑驴砸了个“粉身碎骨”

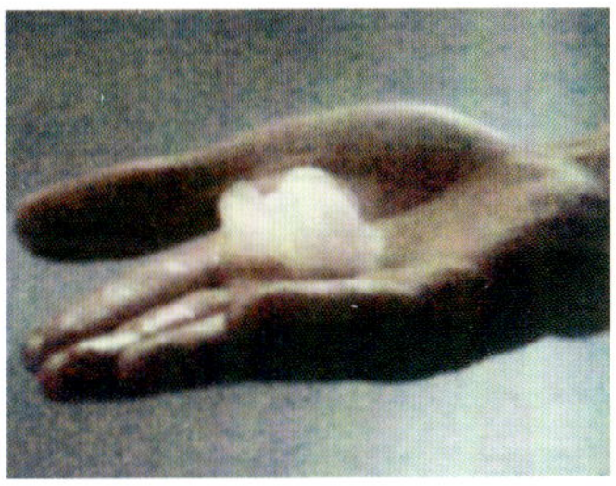

沈阳市于洪区彩新村一村民收集了100多个冰雹，最大的如同鸡蛋一样大小，直径达10多厘米，最小的也有3厘米左右

冰雹密集砸下，路人艰难行进

2005年7月4日晚 沈阳市区突遭雷雨、大风、冰雹袭击，路边树木被摧折，车辆行人受阻

2007年6月21日 18时30分，沈阳市区突然阴云笼罩，狂风、雷雨夹杂着鸡蛋黄大小的冰雹，从西北向东南，袭卷全城。冰雹直径最大约3厘米，车辆及行人受阻

2008年5月28日 下午4时许，新民市大民屯镇遭受暴雨、冰雹袭击，冰雹像鸡蛋黄般大小，蔬菜、西瓜等秧苗受损惨重

2008年5月28日 沈阳市东陵区高坎镇晓仁境村连降6场冰雹，1370余亩农田深受其害

2008年8月27日 义县高台子镇发生短时雷雨冰雹，农作物被毁严重

2009年6月5日 凌海市持续降雹一小时，多个大棚被毁，瓜果、蔬菜受灾严重

2009年6月9日 绥中县突发雹灾，一处洼地四小时后仍有大量雹块堆积

2009年6月14日 15时，宽甸满族自治县灌水镇发生雹灾。小河边的地面已被雹块覆盖

2009年6月15日 16时，绥中县大王庙镇、葛家乡降冰雹，苞米、大豆被砸毁

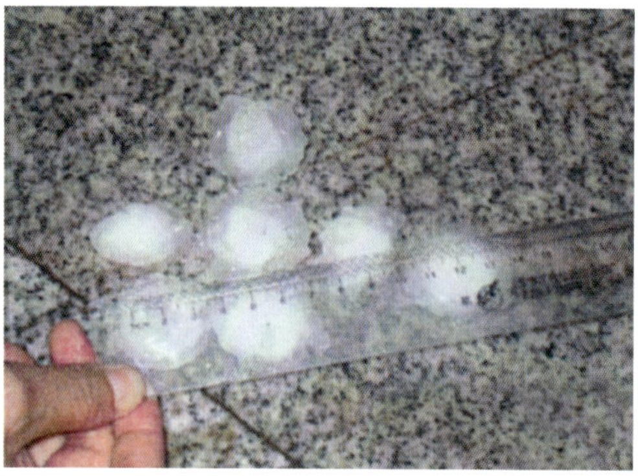

2009年6月22日 丹东地区发生雹灾，最大冰雹直径达4厘米

2009年6月28日 17时30分，朝阳市龙城区召都巴镇降冰雹，温室大棚被打坏

2009年6月29日
锦州市松山新区巧鸟乡降冰雹，种植的鲜花全被砸毁

2009年7月3日
沈阳市沈北新区降冰雹，玉米、高粱被打毁

2009年7月22日 昌图县出现冰雹、龙卷天气，大量3～5年生的树木被拦腰刮断

2010年6月15日
阜新地区降冰雹，
农作物茎叶被打断

2010年6月15日 北镇市降冰雹，农作物受损

2010年8月9日 建平县降冰雹，大树被砸断

2010年8月9日
建平县降冰雹，农作物
叶片被打碎

2011年5月31日 凌海市出现雷雨、大风、冰雹天气，冰雹最大直径为10毫米，农作物受损严重

2011年8月21日 沈阳遭暴雨、冰雹、大风袭击，行人被砸伤、车辆受损，作物被毁（见第58～59页）。

大东区等待理赔的车辆在路边排起了长队。据保险公司统计全市6000多辆机动车被砸

被砸坏的车辆受损严重，司机称就像被子弹扫射了似的

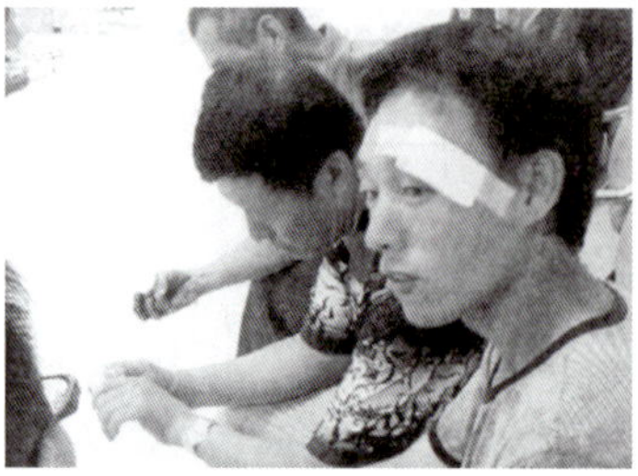

行人被砸伤后来到医院就医

记者在和平区十三纬路顶着暴雨、冰雹采访

还有一个月就要上市的苹果，一夜之间都被冰雹砸落，果农看着一地的苹果百感交集

在皇姑区鸭绿江北街55号附近，大风夹带着冰雹将铁皮房顶掀翻砸毁

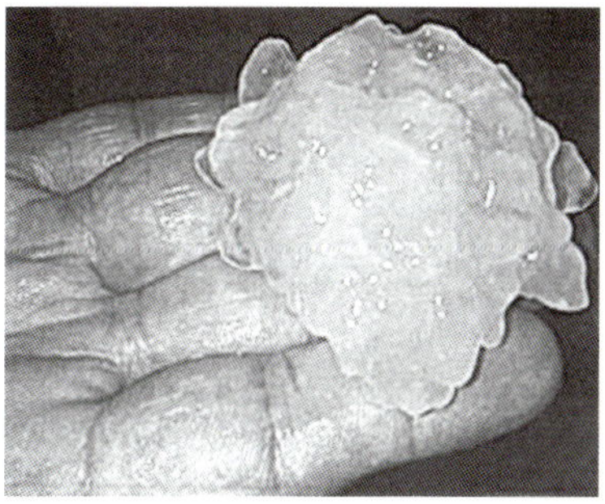

市民李大明在浑南新区浑河堡凤翔二区拍摄到的超大雹块

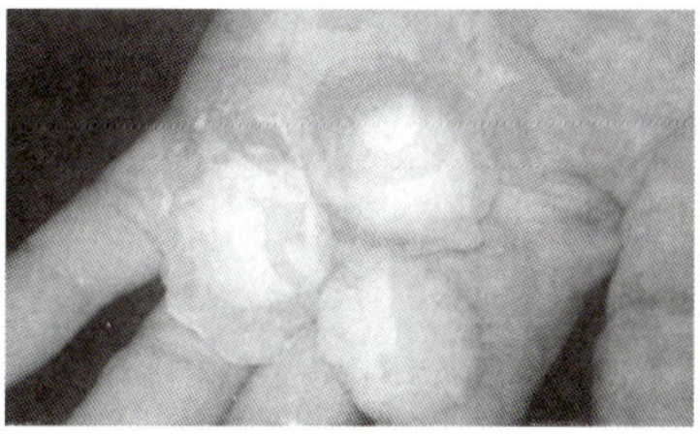

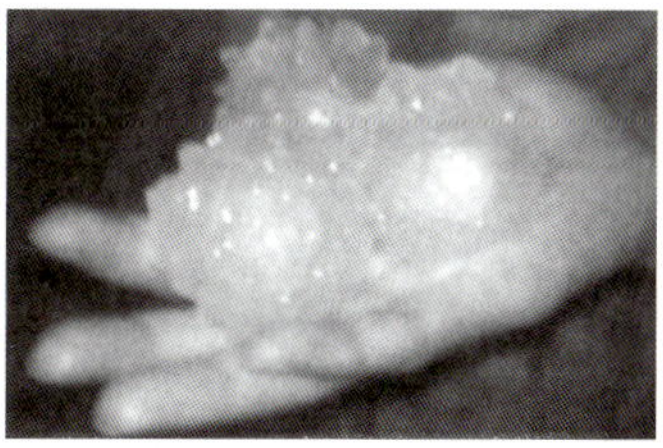

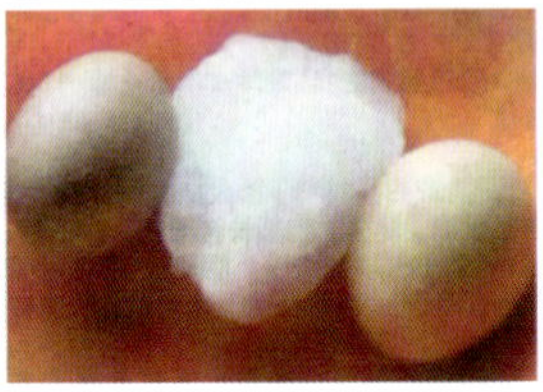

2012年6月1日 浑南新区浑南中路附近等车的市民被夹杂着冰雹的大雨困在公交车站。最大的雹块，有鸡蛋大小

2012年6月1日 浑南新区降冰雹，塑料大棚被砸坏

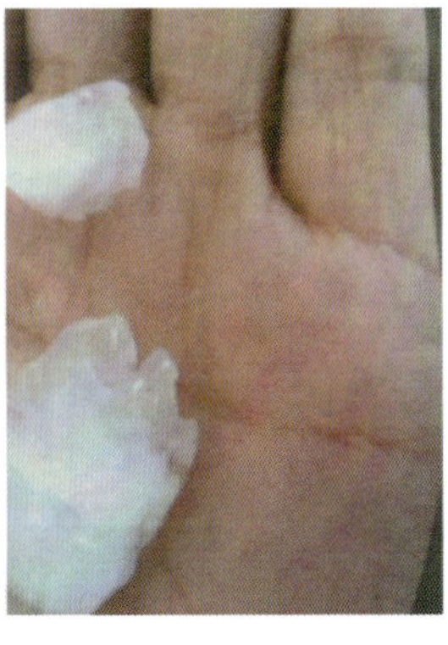

2012年6月5日 13时30分，法库县降冰雹，最大的雹块比鸡蛋还大，菜田受到严重破坏

气象灾害/寒潮 风雪 5

20世纪初叶 沈阳市西关市场遭大风雪袭击

20世纪初叶 沈阳市区“马拉铁道车”在大风雪后行驶在小西车站

1936年12月 沈阳市区南二洞桥下路面被大雪覆盖

1948年10月 中国人民解放军装甲车部队在大风雪中向沈阳市区推进

2003年3月 沈阳浑南雪大路滑造成轿车坠河

2004年冬 沈阳市区一建筑物上太阳能热水器形成“冰川”，消防战士正在清理

2004年11月 雨雪天气给沈阳城区交通造成阻碍，六万树木雪后“折腰”

2004年12月19日 一场漫天大雪狂袭沈城

2006年 辽宁省出现大雪天气3次，1月12日大连地区出现雨夹雪天气，由于先雨后雪，使飞机积冰

2007年1月29日 沈阳雪灾，全市交通瘫痪

2007年3月3–5日 由于受贝加尔强冷空气影响，辽宁全省出现百年一遇的特大暴风雪，全省雪深20~50厘米，最厚可达100厘米，给工农、农业、交通、人民生命财产造成重大损失（见第64～73页）。

交通一度瘫痪，马路成为停车场

3月5日凌晨，百万市民早早走出家门，踏雪步行上班

沈大高速公路营口段
因大雪致使车辆受阻

因大雪滞留在京沈高速
公路北李官段的车辆

沈阳铁路局车辆段机车被冰雪冻结，影响按时出库

大量旅客因大雪滞留在沈阳北站

大雪覆盖沈阳桃仙国际机场，机场关闭，候机楼滞留大批旅客

大连周水子国际机场因大雪滞留了大量的旅客

沈阳街上解放军投入救灾，清除积雪

沈阳桃仙国际机场干部员工奋战两昼夜在机场除雪

3月6日8时58分，沈阳桃仙国际机场开放，当日保障航班364架次，运送旅客3.7万人，大批旅客等待出行

大连108盏节能槐花路灯被风暴吹倒

大连市被风暴吹毁的广告牌

在大连市，特大暴风雪摧毁树木、砸坏车辆

特大暴风雪给辽宁电网造成罕见的灾害。线路、铁塔、线杆均积满厚厚冰层，给电力抢修工作造成严重困难

暴雪过后，沈城一些居民楼出现很多大大小小的冰溜。掉落的冰坨将车辆砸坏

暴风雪给抚顺市农业造成严重损失，倒塌损坏温室大棚6900个、鸡舍500个、食用菌大棚1000个，林木损坏20万亩，牛羊舍及牲畜损失，共计11165万元

暴风雪后，锦州市1700多名环卫职工投入紧张的除雪工作，组织23台大型铲车除雪

3月4日凌晨，辽阳市环卫处、市政公司和市管处的除雪机械设备立即上路清除积雪，至6日，已完成了30多条道路的除雪任务，总面积达200多万平方米，主要干道全部开通

大雪过后，阜新市动员全市15万人、大型铲雪机械、车辆180多台次，投入防滑料3980立方米、盐50吨，对积雪进行清除，确保交通运输畅通

沈阳铁路局公务系统职工迎难而上，苦干实干，在多处遭受严重雪害的线路区段，与暴风雪展开顽强博斗，清除积雪，恢复畅通

鞍山暴雪，交通瘫痪

建平暴雪，道路积雪深度近30厘米，
交通受阻

蔬菜大棚被压坏

铁岭暴雪，全市交通瘫痪，高速公路封闭

葫芦岛暴雪，小车被暴风雪埋没

沈阳暴雪

丹东暴雪压坏农民房屋及塑料大棚

2011年11月下旬 辽宁大雪给交通带来很大影响（见第74~75页）。

11月17-18日，辽宁地区出现一次较强的雨雪降温天气过程。根据天气变化情况，辽宁气象部门及时发布了寒潮蓝色预警、大风蓝色预警、道路结冰黄色预警和暴雪蓝色预警

11月23日，辽宁大部地区出现大雪，道路湿滑导致多起交通事故

11月23日，大雪未停，机械化除雪就全面展开了

沈阳环卫工人在北陵大街上冒雪清理马路上的积雪

11月23日晚，在沈阳街头，路上的行人在漫天的大雪中艰难前行

11月24日，雪后上班难，只有靠步行

雪后，沈阳市区怒江北街车辆拥堵，许多市民选择步行上班

11月24日下午2时，沈阳环路公交车上的乘客陆续下车，众人合力将公交车推出结冰路面

2012年1月底、2月初 辽宁普降大雪。

1月31日，丹东、大连等地区普降大雪，降雪厚度没过了人的脚脖子

冬天走在大桥下，可要留意头顶上的冰溜子

2月9日，环卫工人孙玉祥凌晨4时20分就从家里出来参加扫雪任务，由于走得急，没吃饭，老伴看着心疼，当即决定给他包些包子送过去

2月10日，暴雪在东北大部分地区及内蒙古中东部肆虐。受此影响，多条高速公路实行临时交通管制，部分中小学校及幼儿园也在当天停课一天

2月10日，朝阳：暴雪红色预警。雪深超过23厘米，客运车辆全部停发

2012年11月10–11日
朝阳连降18小时大暴雪，市区内积雪最深处可过膝，街头积雪达30厘米以上。

风雪吹倒一棵40多年的大树，两辆车被砸

朝阳凌源市内，降雪之后道路泥泞不堪

大雪造成一大型养鸡场鸡舍坍塌

朝阳一猪舍被大雪压塌，棚顶几乎挨着地面

气象灾害/雷电 6

1963年 沈阳东陵大明楼因雷击失火，建筑全被烧毁（上图为火灾现场，下图为两年后重建的大明楼）

1991年9月18日 绥中气象站西南方向20千米处出现强对流天气，降冰雹并有雷暴，造成严重灾害

1993年7月14日 在鞍山市南方出现闪电，当时云地相接，有建筑物被雷击毁

1996年4月6日 下午3点半左右，沈城上空乌云密布，电闪雷鸣，大雨来临之前，沈城笼罩在黑暗中。这场雷阵雨的降水量达到了15毫米。同时，城市供电防雷网多处被雷击破，至少上万户居民停电，电视塔信号发送因此中断99分钟

2002年5月12日晚 因雷击沈阳电视塔起火，消防官兵两小时将火势控制，46名游客和工作人员脱险，部分地区广播电视信号中断，是建塔以来最大一起事故

消防队员准备登塔灭火，疏散游客

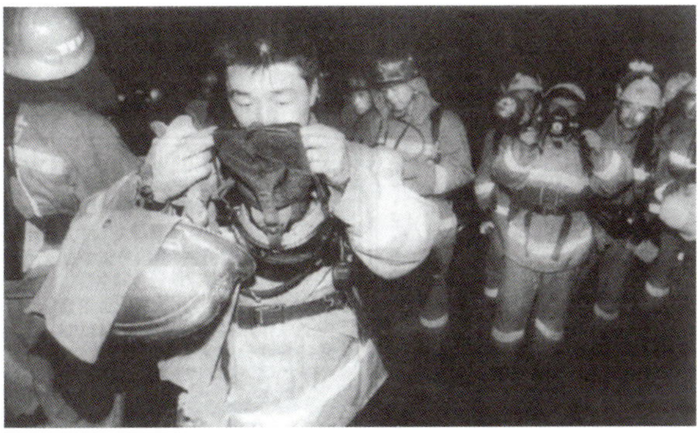

2002年8月10日 沈阳市第六十八中学，随着一声雷响，在树下躲雨的张同兴（音）老师不幸意外身亡，永远地离开了人世……

2002年8月13日 12时22分，沈阳市铁西162中学对面的一棵杨树竟被雷电击中劈开（见左图），砸倒多根电线杆，所幸无人受伤

2003年4月3日 盘锦造纸厂芦苇库因雷击起火

2005年7月10日 沈阳市民王荣纯全家七口游北陵公园，天不作美，突然乌云密布，雷声大作，全家人躲进一个房子里。他看见一对年轻夫妇抱着孩子躲在大松树下，他大喊一声快进屋来，当年轻夫妇刚一离开，这棵大树被一炸雷碎开。这对年轻夫妇及孩子幸免遇难

2006年4月6日 凌晨2时1分至22时36分，沈阳市区遭遇多次雷击，使571条10千伏电线中的27条发生故障，沈河区大东路等地区因此出现停电

2006年4月6日 因风雨天打雷，造成了沈阳电视塔两根引流线短路，导致1小时39分钟的大停电

2006年7月10日 沈阳郊区发生雷击，张某家的水泥房顶被齐刷刷地削掉了一个像锅盖大小的角

2006年7月10日 沈阳苏家屯发生雷击，将电线击断，10岁男童在放学回家的路上，被一通讯线杆传导下来的电流当场电击死亡（男孩的尸体被塑料布盖着）

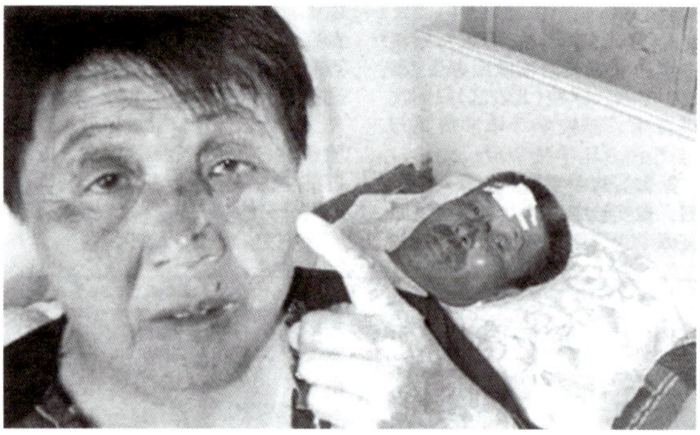

2006年5月18日 19时40分左右，一个惊雷在沈阳东陵区深井子镇施家寨村村民林国凡家中炸响，林国凡和老伴刘凤清当即被击倒在地。雷击还造成当地近百户家中电视、电话不同程度损坏

2006年7月5日 瓦房店市西杨乡电闪雷鸣，一场大雨从天而降。西杨乡柏屯村的老刘家的一只“猪妈妈”不幸被闪电击中而毙命，另一只“猪宝宝”随“妈妈”而去。活着的猪宝宝围着妈妈久久不愿离去

2006年10月10日 辽阳市一棵30多年的老杨树被雷电击中，20多米长的树皮被整片劈下

2006年10月10日 抚顺县大南乡大瓦村，两村民在稻田地里遭雷击丧命

2006年11月6日 阜新县旧庙乡一农民家遭雷，火球从天而降，穿过猪圈的石头墙，电死3头猪，又沿着树根钻入民房，球状闪电把民房炸塌，造成一死一伤

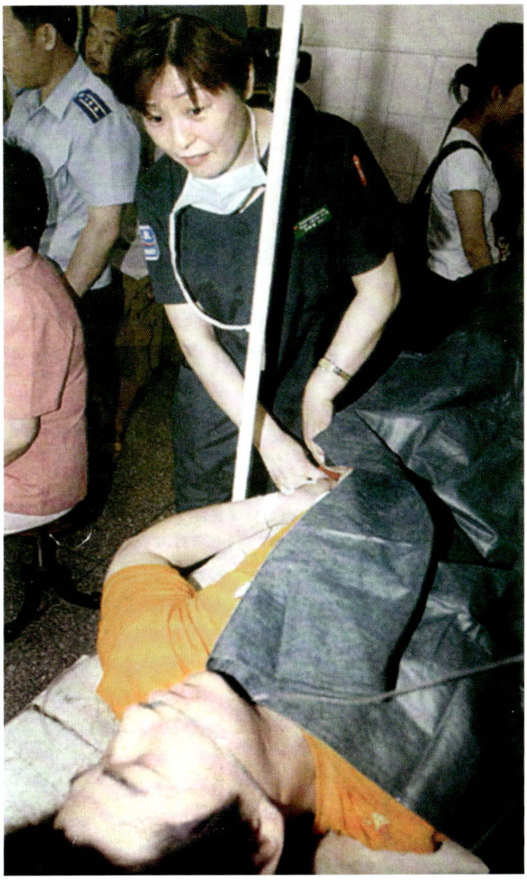

2007年6月24日 上午，一场突如其来的雷阵雨袭击沈城。雷电击中了5位无辜的市民，其中一位正在打手机的路人不幸身亡，另4名在校学生因雷雨天在空旷的操场上活动，也被雷电击伤，所幸无生命危险

2008年3月31日 沈阳苏家屯区姚千镇田水村马圈子屯发生雷电灾害，家用电器受损

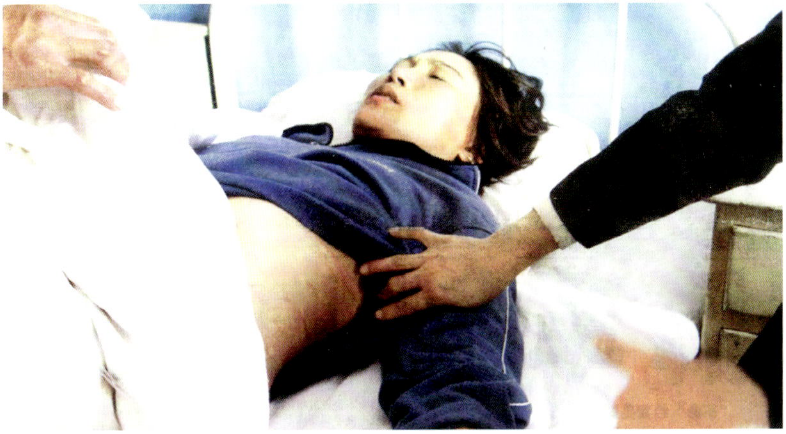

2008年5月23日 沈阳市新城子区汪家乡达连屯村，一女子在树下躲雨，不幸被闪电击中，当场死亡。一同伴受重伤

2008年5月23日 铁岭县横道河子乡武家沟村葛长春家遭受雷电灾害，烧毁瓦房，屋中一切物品全部损毁

2008年5月26日 盘山县胡家镇塘坊村杨荒种站北五支稻田处发生雷击事件

2008年5月24日 沈阳苏家屯区陈相镇丰收村发生雷电灾害。事故原因是直击雷。村民家东房山墙被击出大坑，附近墙面多处出现裂缝，电视机、充电器、电表箱等用电设备击坏

2008年6月7日 彰武县两家子乡马尾村遭受雷击，家中财产被毁

2009年5月1日 受雷电影响，盘山县大荒乡三棵树村一村民家失火

2009年7月11日 黑山雷电使十多间民房被毁，家中物品全被烧坏

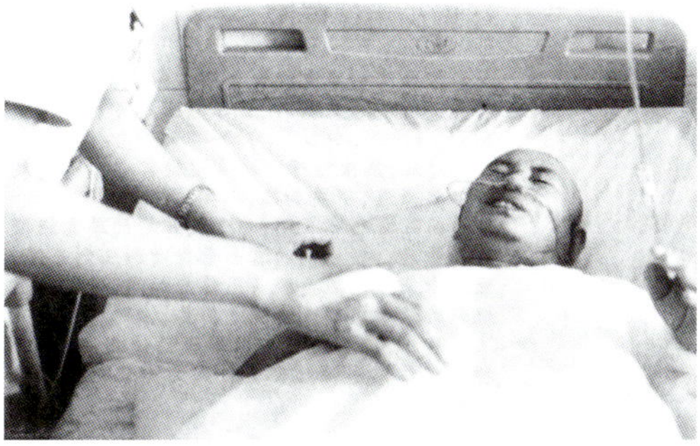

2011年6月1日 新民市大柳屯村遇雷击事件。老两口雨中赶车，雷电击毙毛驴，两老口一人受重伤

2011年8月31日晚 一场雷阵雨突袭沈城，图为一道闪电划过沈城夜空

2011年11月22日 18时35分，位于大连市金州新区的大港集团罐区31号和32号两个10万立方米的油罐遭雷击起火。经百余辆消防车1个多小时扑救后，火情得以控制

2012年4月27日 下午2时许，沈北新区一声震耳欲聋的炸雷让当地人受惊不小。沈阳怪坡东北虎林园熊舍内一只成年黑熊受惊过度野性大发，误将一只三个月大的小熊崽爪子咬掉。经园方全力抢救后，小熊被截肢，暂无生命危险

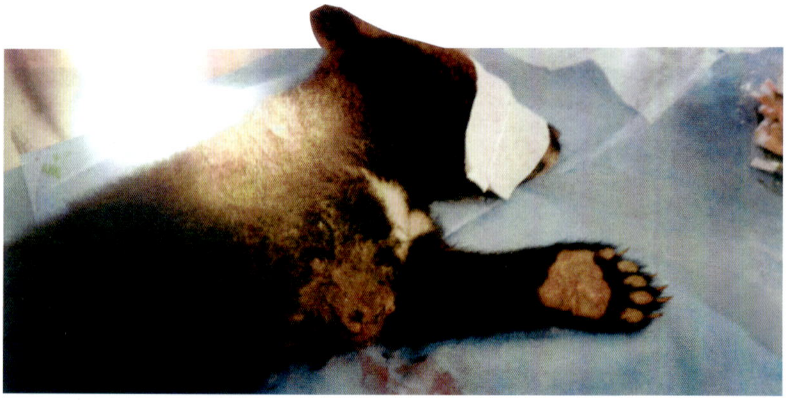

2012年6月2日 沈阳市遭遇雷暴天气，全市多处出现雷击，这是当时全市上空雷暴景象

2012年6月2日 15时左右，沈阳市军事体育陆上运动学校正在施工的操场上，一名外地来沈的工人不幸遭雷击身亡。罹难工人的尸体（白圈内）躺在操场上

2012年6月12日 浑南一小区电梯遭雷击，使21部电梯全部损坏，住户不得不爬楼。汪奶奶要回13层的家中只好带着凳子，爬楼累了就坐一会儿

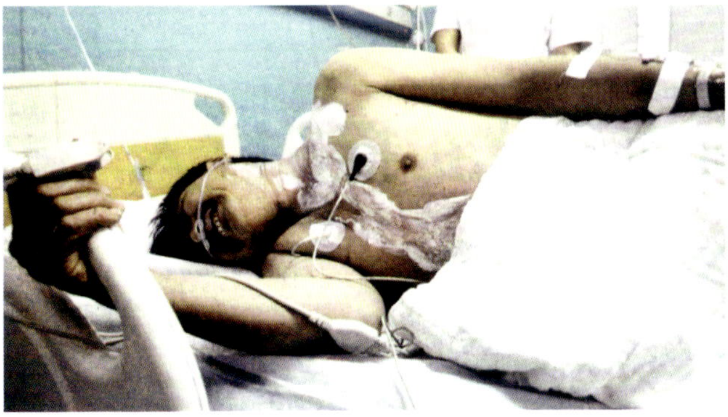

2012年6月12日 沈北一男子白久发撑伞在水田里插秧遭雷击，病床上的他双手紧握床栏杆，不时发出痛苦的呻吟声

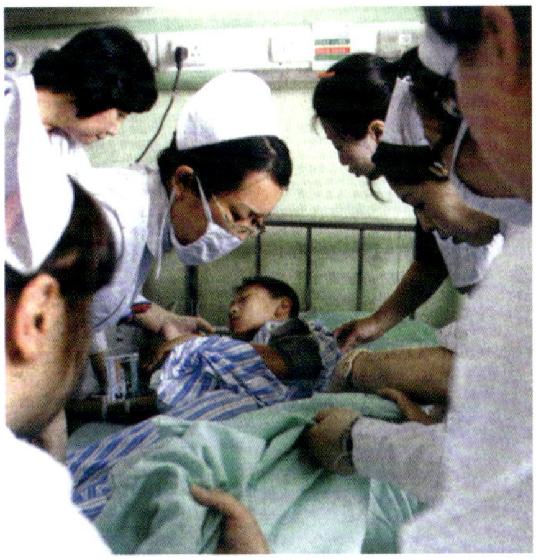

2012年6月15日 大连市一小学五名学生在操场上遭遇雷击，受伤学生被紧急送往医院就医

气象灾害/龙卷 7

龙卷风是在积雨云底部出现的一种小范围的猛烈旋风。有时悬在空中，有时伸到地面，破坏力极大

1983年9月24日 绥中县高台堡乡发生龙卷风，几十间民宅被夷为平地

一民房的房梁被扔出300米外的山沟里

3.5吨渡槽被龙卷风卷起10米高后被扔到十几米之外

百余间民房被毁

灾区的树木按顺时针方向被刮倒

一农民看见龙卷风来临，便把门窗关闭，结果造成房屋内外压力差过大，致使屋顶及门窗全部毁坏

2004年6月21日 大洼唐家受龙卷风，大片玉米被刮倒

2005年4月26日 鞍山市公园儿童游乐场内狂风卷起气垫床摔下3名儿童，造成重伤

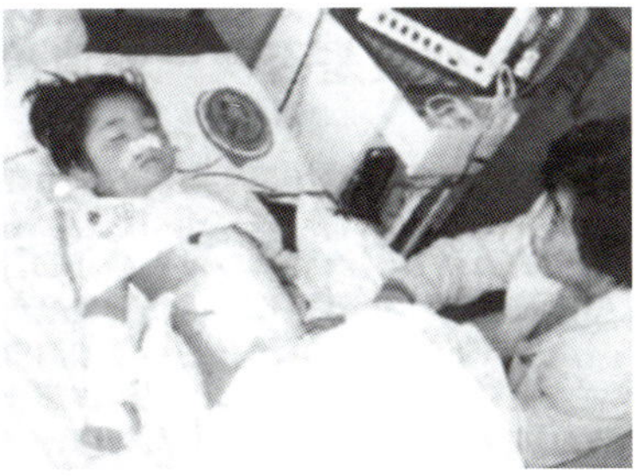

2005年6月10日，朝阳县乌兰河硕乡的龙卷风，从西北到东南形成一条1000多米长、300多米宽的破坏带。在这条破坏带里，地面上的农作物不见踪影；树木不是折断就是被连根拔起；房屋、院墙全部倒塌；输电线电杆大部分断倒……

据调查，乌兰河硕乡的4个村受灾严重，死亡8人，31人受伤；倒塌房屋215间；1.2万亩农田受灾，其中绝收7000亩；损毁树木1.5万株；130户农民的房屋不同程度受损，其中41户受到重创，受灾人口450人……

村民韩国申告诉记者，龙卷风到来前，他正在北山上干活。只见一个上大下小的云柱从西北方向朝村里刮来，上面的云层呈红色，并伴着像飞机一样的响声。“龙卷风太吓人了，5吨重的农用三轮都被卷走了”（见第89～90页）。

房屋倒塌惨状

解放军官兵在搜寻灾民遗体

2008年9月17日 彰武县阿尔乡镇遭受龙卷风袭击，房屋被毁，树木被拦腰截断

2010年7月27日 18时左右，彰武县四堡子乡2个村遭受龙卷风袭击。树木被风刮断或连根拔起共102棵，玉米倒伏面积333.3公顷，绝收66.6公顷。高压线杆被刮倒10根，损坏变压器1台。直接经济损失222万元

多年大树被连根拔起

大树被龙卷风刮断，树干像刀削的一样

2010年9月19日 昌图龙卷风，百年大树被切断

2011年5月2日 中午刚过，沈阳市沈北新区天色骤暗，狂风大作，10分钟内，两间新盖的民房房顶被大风揭起，砸中十几米外的车辆和准备上车的行人

2011年5月3日 施工人员正在清理被大风掀翻的脚手架

2011年6月4日 9时许，法库县秀水河镇五里山村，遭遇罕见的龙卷风侵袭。龙卷风从西自东而来，持续4~5分钟，所到之处，老旧房子坍塌，有的房屋房顶被掀起，直径约有1米的大树被拦腰折断

2011年8月21日 在沈阳市鸭绿江北街55号附近，据市民称，“龙卷风”迅速通过，将一个三层楼的鞋厂屋内设施全部破坏，鞋厂内工人正在工作，眼看着铝合金窗户被吹掉了

2003年12月23–24日
辽宁浓雾，致使高速公路事故多发。

12月23日，京沈高速公路出现浓雾天气，盘锦段发生重大交通事故，1人死亡多人受伤，交通堵塞长达4小时

医护人员
紧急抢救伤员

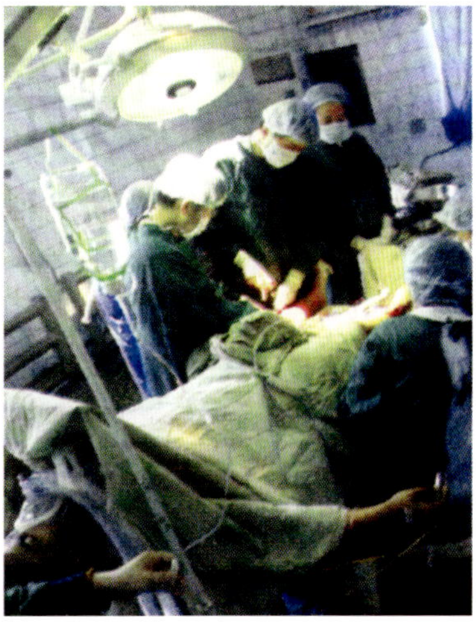

12月24日，因浓雾，沈山、盘海营高速路封闭。50辆车相撞

12月24日，在沈山路段陆续发生百余起事故，百余台车受损，至少5人死亡，数十人受伤

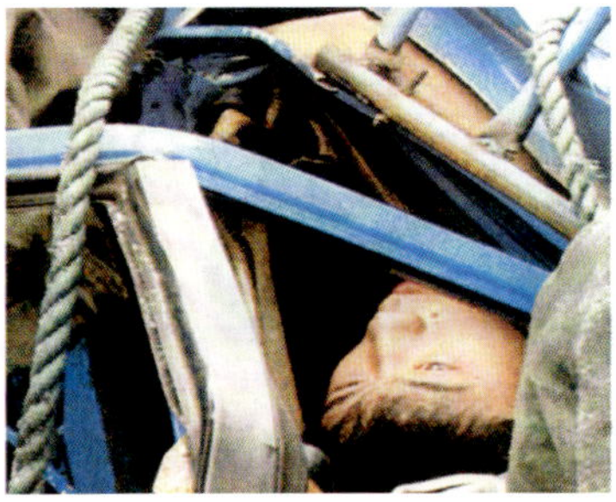

2004年1月5日 突降浓雾，京沈高速公路沈阳至北京方向637—641公里路段，一辆载运乙醇的罐车被一辆满载纸壳箱的大货车撞上后，又被一台载运液化气的罐车撞上，造成京沈高速公路连续发生30余起车祸，至少4人死亡，19人受伤，塞车近6小时

2004年1月6日 沈山高速公路上因浓雾致使车辆相撞后的惨状

2004年11月10日 因浓雾京沈高速连环撞车，44人受伤，17人住院

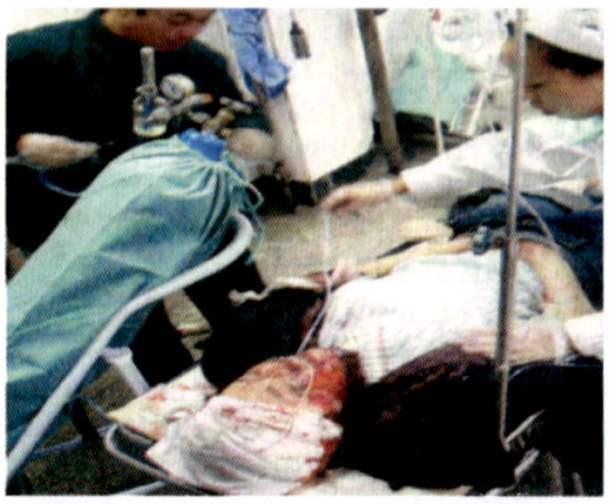

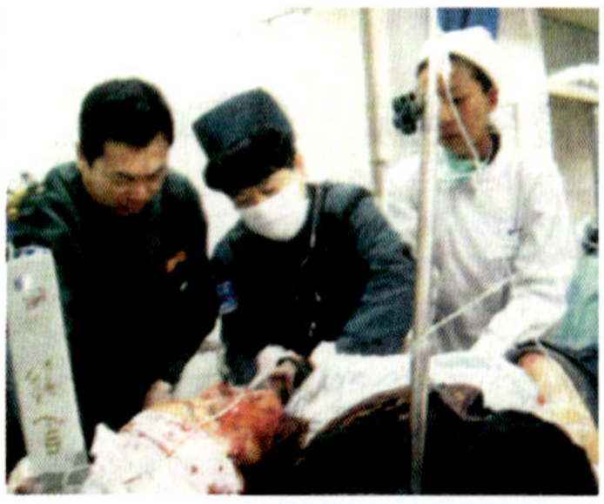

2005年5月25日 清晨，因浓雾京沈高速公路512公里处发生重大车祸，造成9人死亡、16人重伤，28辆汽车受损。收治伤员最多的盘锦市第二人民医院启动绿色通道，投入50名左右的医护人员开始“雾中急救”

2005年5月25日 京沈高速16车相撞，2人死亡，12人受伤，京沈高速封路2.5小时

2005年9月15日 浓雾造成京沈高速30多辆车连撞，有7人丧命。现场每隔百米就出现几辆车相撞的场面

2006年5月11日 京沈高速浓雾，28辆车相撞，9人亡

2006年11月19日 沈阳大雾弥天，全省高速公路除丹大高速外全线封闭，沈阳驶往各方向的客运汽车全线停运，桃仙机场进出港50余架航班全受影响。

沈阳的大雾弥天

2006年5月22日 17时，在北纬38°34′，东经120°57′海域，受浓雾影响，两艘货船“中海通号”和“航宇6号”相撞，“中海通号”机舱进水严重倾斜，25名船员全部弃船，无人受伤

晚10时，沈阳北站候车室里挤满等车的乘客

沈阳城内在雾中焦急等待公交车的市民

2007年5月10日上午 因浓雾，辽宁境内8条高速公路封闭，桃仙机场延误航班19架次，京沈高速高花收费口附近20多辆汽车连环相撞，1人死亡，多人受伤

在事故现场，250多名交警、消防官兵参与对伤者抢救

2011年11月28日 飞机到达沈阳，在即将降落时，却因机场出现浓雾，航班不得不备降外地机场，众多旅客在煎熬15个小时后，才再次乘飞机才返回沈阳

2010年12月21日 傍晚至22日凌晨，辽宁大部地区出现强浓雾天气，导致京哈、鹤大高速部分路段封闭。大连地区最小能见度不足50米，一辆大客车在保税区翻入桥下沟里，造成20人受伤

2012年10月10日23时许
沈阳皇姑区松花江街上依然有雾

浓雾中只能依靠交警手势指挥交通

气象灾害/沙尘 9

20世纪30年代 伪满奉天市警察局交通警察在沙尘中执勤

20世纪50年代 康平北部沙尘暴景象

2004年3月10日 在沈阳浑南高层楼上看风沙天气

2004年3月11日 沈阳出现入春以来范围最广、强度最大的一次扬沙和浮尘天气，给市民出行带来不便

2004年3月11日
沈阳沙尘天气笼罩全区，风力达八级。沙尘漫舞、天色昏暗，给人们活动带来极大不便

2004年3月31日
沈阳出现沙尘天气

2004年4月2日
沈城又遭扬沙天气袭击

2006年3月下旬
全省多地出现沙尘天气。

能见度极差，给交通带来不便

风沙中的行人举步维艰

康平县出现沙尘暴天气

2006年4月19日 锦州发生沙尘暴，大树被连根拔起，车辆难以行驶

2007年4月1日
沙尘影响辽宁大部地区

2007年5月1日
沈阳地区出现沙尘天气

2011年5月1日 朝阳北塔一片昏黄

2011年5月1日 天空昏黄，空气中弥漫着土腥味，沈阳市区的能见度也降至400米

2012年4月11日
在沈阳市中街地铁口门前，西南风夹带着尘土刮得逛街的市民睁不开眼睛

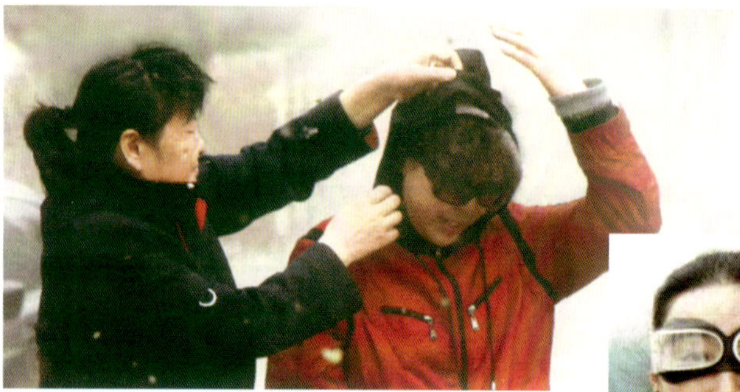

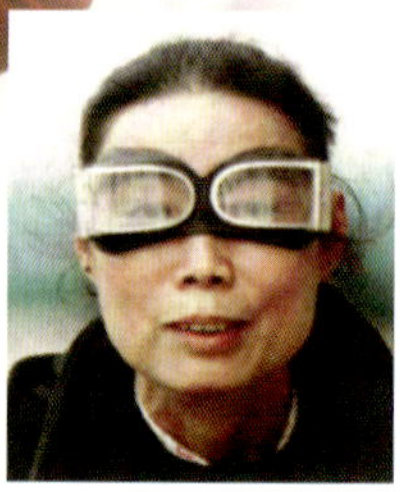

2012年4月18日 辽宁中部地区出现沙尘暴，市民用多种方式防尘

气象灾害/雾凇 雨凇 10

1998年1月 抚顺出现雾凇

2003年3月 宽甸出现冰瀑

2001年 法库县出现雾凇

2003年12月 沈阳出现雾凇奇观

2005年2月13日 一场浓雾将沈城装点得银装素裹

2005年2月13日 新宾出现大面积雾凇，给输电线路造成较大影响

2007年1月 辽宁东部多地出现雾凇，多处输电线路被压断

2010年1月 沈阳郊区出现雨凇（冻雨），影响输电线路安全

2011年12月 本溪多次出现雾凇

2011年12月24日 沈阳北陵公园内出现罕见树挂景观

2007年12月 苏家屯出现大面积雾凇

2010年冬季 沈阳某小区出现冰凌壮观，但多处出现了这种冰溜子砸伤人事件

二、气象衍生、次生灾害

泥石流·海冰·赤潮·风暴潮

气象衍生、次生灾害 / 泥石流 11

1982年8月 凤城市鸡冠山泥石流、滑坡全景

东汤镇一条河中有七处滑坡，宽15～20米，长150～200米，泥石流影响区长1500米。图为泥石流带下的巨石

鸡冠山钢厂后山泥石流全景

村民住房5间全部被毁

民房被泥石流淹埋

刘国志家的住房被毁，死三人

1985年7月23日 凤城市四家子村民王树信家后山泥石流全景

四家子大羊村的泥石流长达500米，面积8～10亩

1986年7月23日 凤城市包营子村泥石流全景

包营子村泥石流冲下的泥石阻塞河道

四家子村六组村民夏洪财房子被冲毁，男孩夏喜田（17岁）女孩夏喜娟（15岁）被压死。女孩遗体从苇席中被找到

包营子后山上两大片泥石流冲倒民房及冲下的石块

尹树发6间砖房被冲毁，压死一人

四家村土家堡子村民3间房被冲毁

1986年 宝山乡红旗村民代富英三间房被泥石流冲毁，并压死三人

1986年7月26日 汤山城镇榆树村民高乃文种植的山楂、葡萄、药材、蔬菜均被洪水、泥石流淤积淹埋

被冲毁14间教室惨状

宝山乡小四台子村刘家南山坡泥石流全景

10户村民30多间房屋及财产全部被冲毁

教室被淤泥砂填满，房梁全垮

被冲下的栗子树，周长88厘米，另一棵周长91厘米

一棵多年生柞树被泥石流冲下300多米后，还照样生长

1987年8月 红旗村红旗河被泥石流冲下的泥石塞满

鸡冠山乡袁家沟村袁家沟学校后山泥石流顶部三处之左面和中间二处全景

鸡冠山乡袁家沟村袁家沟学校后山泥石流到山脚下全景

袁家沟学校后山泥石流冲的沟宽达30米

学校清理淤泥和被毁的书桌窗户

鸡冠山乡袁家沟村，村民何振林的家被后山泥石流全部冲垮（房已不见了，堆积砂石处就是房基地）

鸡冠山乡袁家沟村，村民赫贵信家房后被泥石流带下的泥石等淤积将至房顶，淤积砂、石深度达2.4米

鸡冠山乡袁家沟村，村民刘国志家后山泥石流将全家五间新建瓦房冲垮

1989年7月18日 凤城宝山乡朱文家的三间房被泥石流冲毁

鸡冠山镇鸡冠山村3户民房和院墙被泥石流冲毁

鸡冠山镇大地村民柳学双家两间瓦房位于梨树沟河的北岸，房屋和财产全部被泥石流冲走，房基已变成河床

1989年7月18日 凤城市东汤镇陶李村最大的一条滑坡，沟深达2～3米，顶部（发源处）植被多为乔木、灌木，都被泥石流冲走，形成2～3米深的沟

东汤镇陶李村，玉米被洪水冲走后的状况，田地变河床

东汤镇石桥村石桥河的泥石流痕迹，即人指处挂的杂物为当时洪水位

鸡冠山镇村民吕国庆住房被破坏，屋内衣物全被埋入泥石中

鸡冠山村民隋征山家进水，箭头指处为当时屋内水深水痕，水深达1.3米

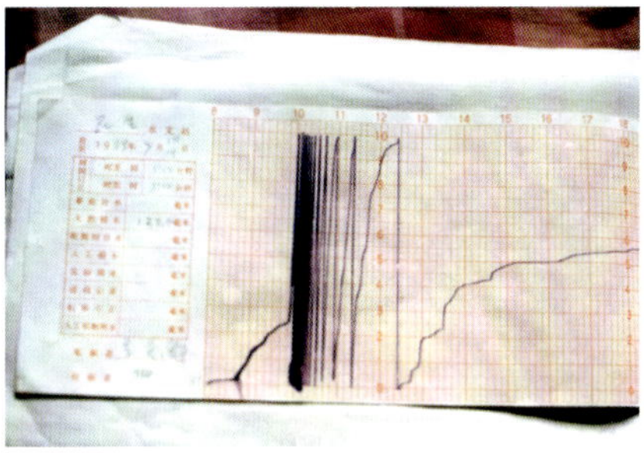

东汤镇民主村雨量点的7月18日08-19时的雨量自记记录

2004年6月24日
建昌县汤神庙镇因暴雨形成泥石流，中学生李长浩在河床上被冲倒后被送到医院进行抢救

获救学生李长浩

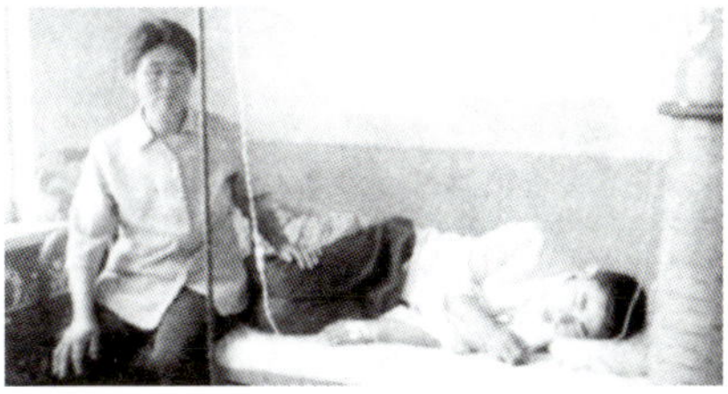

2004年6月24日 建昌县汤神庙镇酒局仗子村泥石流后的情景

2009年5月9－10日 大连局地暴雨山体崩塌，阻塞公路

2010年7月20日 营口盖州小石棚泥石流造成305国道中断，大型机械进驻进行抢修。此次泥石流造成全乡有131户、397所房屋倒塌，27条道路被冲毁，1.4万亩耕地中1.2万亩受灾，其中3000亩绝收，508亩冲毁无法恢复

2010年7月26–27日 宽甸县局部大暴雨造成泥石流

2011年7月26日 由于连日暴雨，大连棠梨西街14号楼前一处山体发生大面积滑坡，导致一处矮房损毁只剩下一面墙体，大量泥石冲向山下小区，冲垮一处挡土墙

2012年8月7日 营口盖州因暴雨造成泥石流，冲毁公路、桥梁，武警正在抢救受灾群众

2012年8月 受台风“梅花”影响，大连市西岗区长白路大连图书馆附近发生山体滑坡，一辆私家车多处受损，园林绿化部门赶到现场进行清理

气象衍生、次生灾害 / 海冰 12

1969年 渤海内一钻井平台被海冰推倒，海上油气工程受到严重破坏

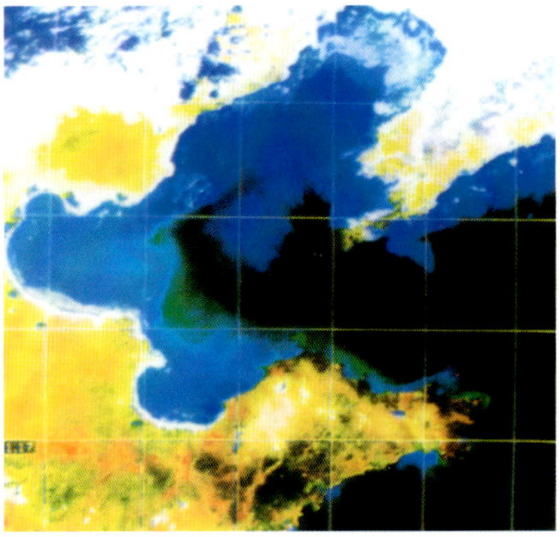

1987年1月17日 渤海海冰卫星图像

1990年 辽东湾荷叶冰、流冰

1990年 渤海发生严重冰封，冰上为斑海豹幼仔

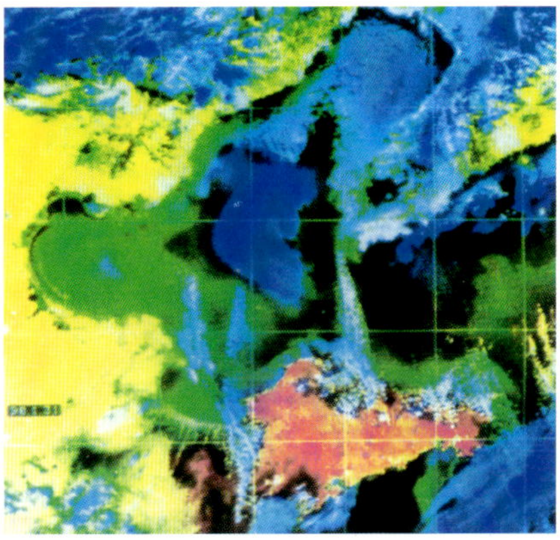

1990年1月31日 渤海海冰卫星图像

2008年1月17日 连日低温使大连许多海域结冰，港口货船被冻在冰内，无法靠岸

2010年1月18日 据卫星遥感实况图分析，渤海湾浮冰范围22海里，一般冰厚10～15厘米，最大冰厚20厘米。为防止冒险走冰出海发生意外，葫芦岛巡冰“看护小组”在海面上执勤

2010年1月 大连市旅顺口区中北海码头堤坝上，出现了一片约300米长的罕见“冰乳”带

2010年1月 大连夏家河子海域出现海冰奇观

2010年1月 渤海海冰使输油船被封

2010年1月 大连市瓦房店海岸积冰景观

2010年1月18日
渤海各港口展开破冰行动，以利正常运输

2011年1月17日
辽东湾钻井平台被海水封冻

辽东湾海冰冰情加剧，近四成渤海海面结冰，最厚达35厘米

2012年2月 受持续低温和强北风影响，渤海大连旅顺口区中北海码头大量海冰夹杂冰屑被冲击上岸，在堤坝上凝集，逐渐形成近300米形态各异的冰乳带，十分壮观。

2012年2月3日 驾驶小木船从庄河港返回途中，王银海父子遇海面漂流过来的冰排将其木船夹碎，他们只能跳上冰排漂流、等待救援，父子蹲在冰排上漂流两千米。

2012年2月9日下午 在葫芦岛市龙回首景区附近海域，海冰堆积，冰厚25～30厘米。

由于气温逐渐转暖，有些区域的海冰已经出现裂缝。

2012年12月中旬 大连海域海冰使所有渔船均被封冻在海上

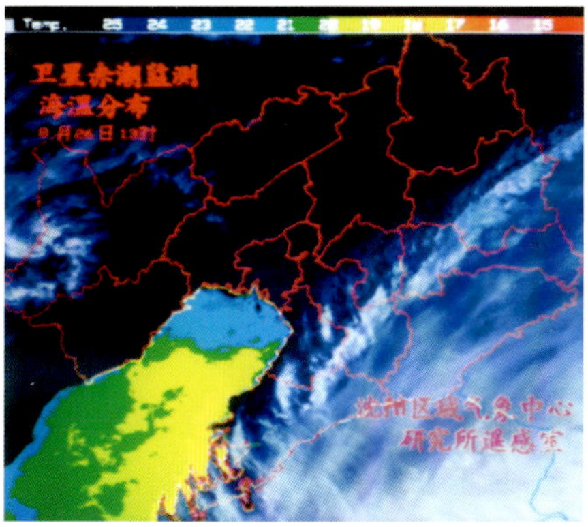

1995年8月26日

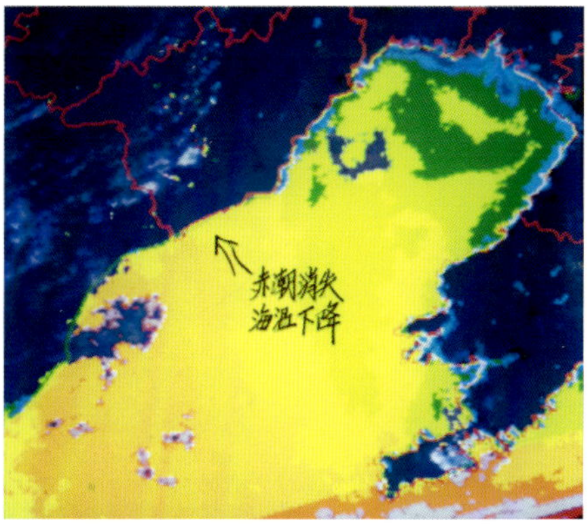

1995年8月28日

渤海赤潮分布

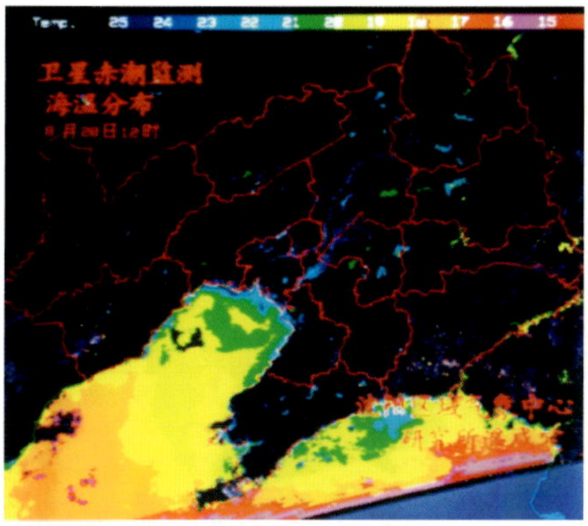

1995年8月26日

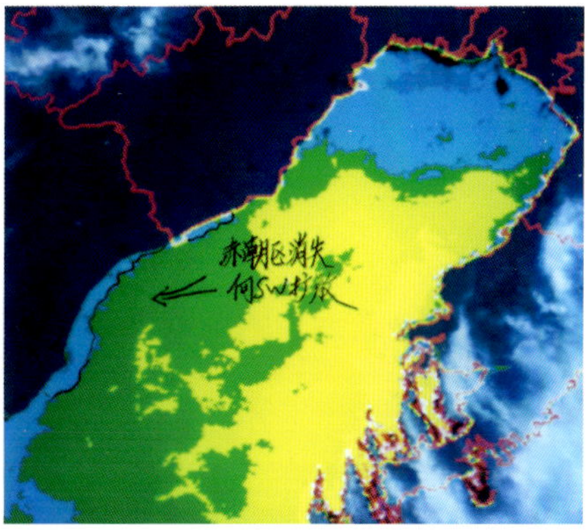

1995年8月28日

绥中县以及河北省秦皇岛沿海赤潮灾害分布

1995年8月21日 绥中止锚湾码头外侧海域出现大面积赤潮（航拍）

1995年8月21日 绥中止锚湾码头东南出现严重赤潮（航拍 ）

1998年9月22日
辽东湾出现赤潮

1998年9月22日
辽东湾葫芦岛海域发生大面积赤潮（航拍）

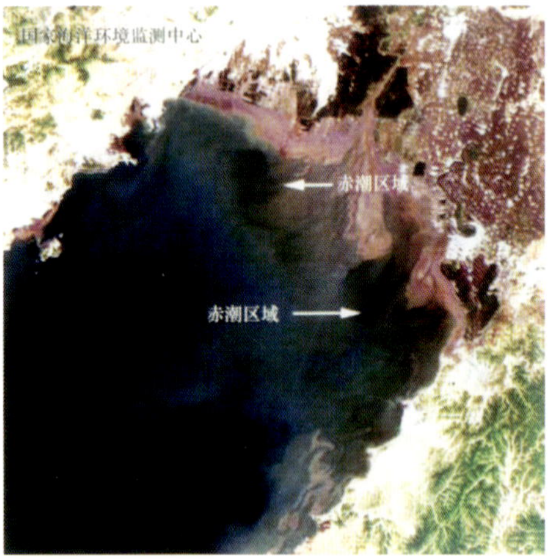

2005年5月 辽东湾赤潮

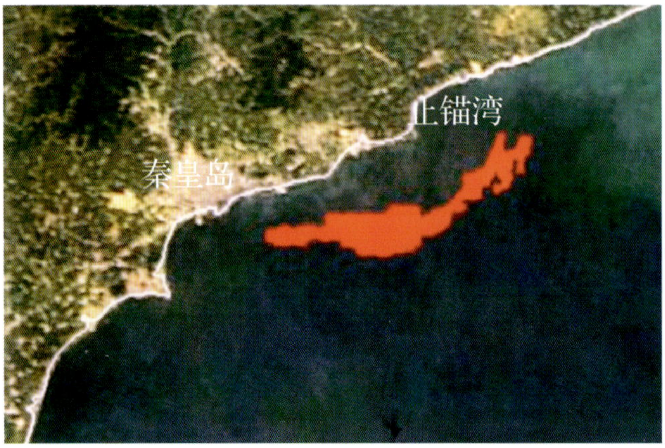

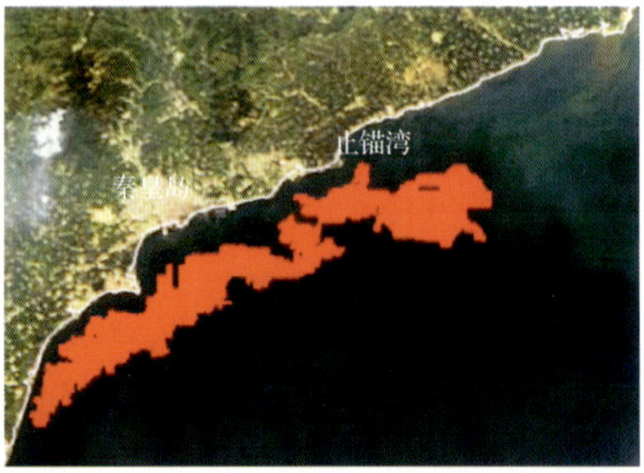

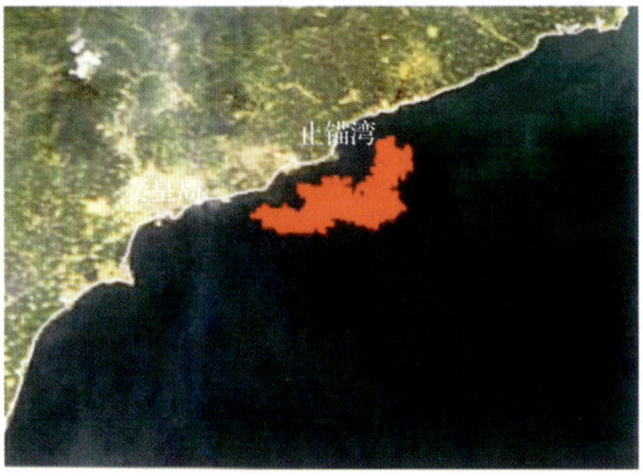

2007年8月 绥中县以及河北省秦皇岛沿海一带有毒赤潮发展过程（链状裸甲藻、柔弱菱形藻）

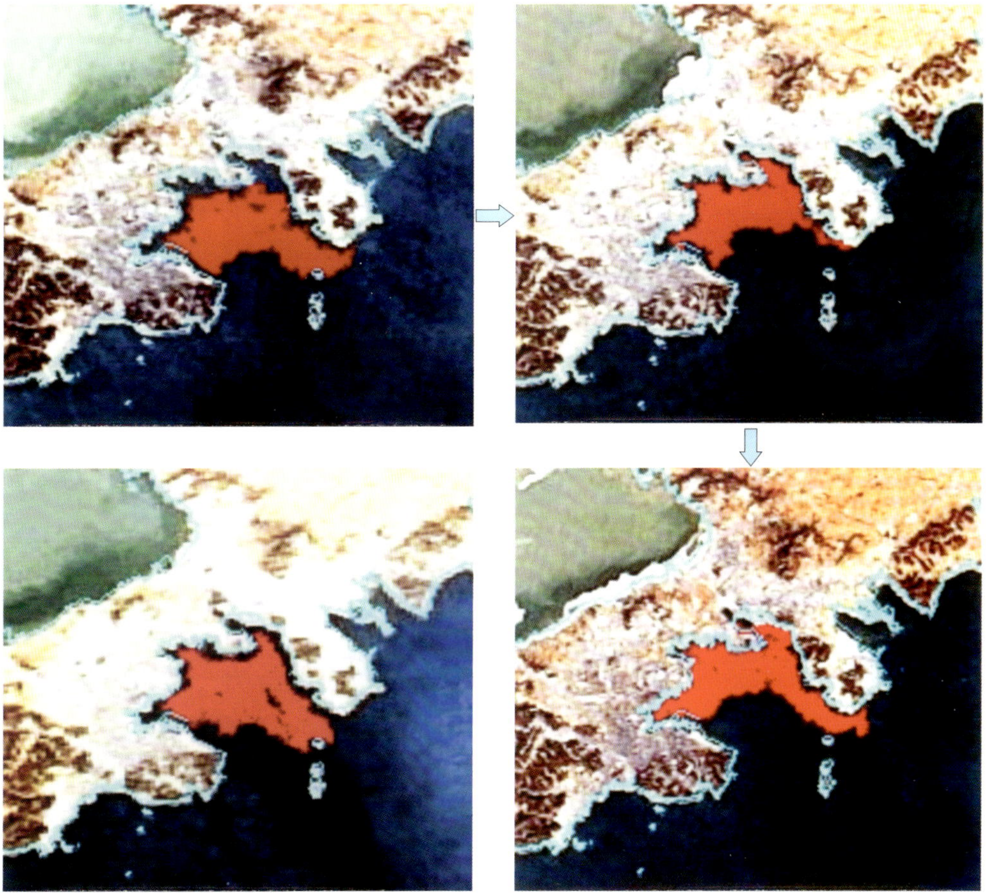

2008年2－3月 大连湾赤潮发展过程（诺氏海链藻）

2008年3月10日 上午10时左右，大连市星海公园附近海水泛红的迹象虽有所减弱，但近岸的海水仍呈现淡淡的橙红色

气象衍生、次生灾害 / 风暴潮 14

2005年8月8日 大连遭遇20年来最高潮位，此风暴潮使沿岸建筑遭到破坏

2011年8月8日 受台风“梅花”影响，大连金州新区福佳大化码头出现风暴潮，部分厂区被海水浸泡

2012年4月25日 烟台至大连海上航线遭狂风巨浪侵袭。有路人站在“风口浪尖”上，抓拍惊涛骇浪之景

2012年8月4日 受台风影响，大连星海公园的海面上，掀起大浪，远处岸边的建筑犹如漂浮的孤岛

2012年8月4日 大连市甘井子区蟹子湾海域大风掀起巨浪

2012年8月8日 受第十号台风“达雄”的外围云系和风场的影响，大连市出现了一次明显的降雨和大风天气。

早6时，大连福佳大化的PX项目附近两段防波堤被海浪冲毁，溃堤处距装满剧毒化工产品的PX储罐仅50米左右

星海公园附近海上巨浪连连

两艘渔船被困大连旅顺海域，10时07分，B-7313专业救助直升机飞抵事发现场救援，直升机倒飞救出8位渔民

老虎滩公园的海边出现巨浪排空的景观

2012年11月28日 大连一渔船被浪打翻，17人落水1人获救，4人失踪，捞出12具遗体

遇难者家属悲痛万分

在辽宁省大连市金州新区杏树屯猴儿石渔港，救援人员抬着一名遇难者的遗体走向岸边

后记

辽宁省地处欧亚大陆东岸，属大陆季风气候，具有中纬度西风带天气特色。主要气候特点是：四季分明，春秋季短，雨热同季，寒冷期长，日照充足，东湿西干，平原风大。辽宁特殊的地理、地形和气候条件，使之成为气象灾害较频繁、较严重的省份之一。干旱、暴雨、大风、冰雹、雷电、霜冻等灾害性天气时有发生，而且还经常引发泥石流、山体滑坡等气象衍生灾害。

据统计，在辽宁所发生的自然灾害中，气象灾害出现次数最多，危害最重，给国民经济和人民生命财产带来巨大损失。因此，广大的气象科技工作者对辽宁气象灾害的形成、发生规律、对各行业可能造成的影响、防灾减灾等方面进行了深入的研究，以使气象灾害损失减小到最低程度。

《辽宁气象灾害图志》是气象信息员及广大群众的主要科普图书。编写这本书，旨在使广大人民群众进一步认识和了解气象，以便加强对气象灾害的防范意识，提高防御气象灾害的能力和水平，使气象服务为辽宁省的社会经济可持续发展做出更大的贡献。

本图志在编辑过程中得到各市、县气象局、省直有关厅局、沈阳铁路局、沈阳民航局等单位防灾应急办的大力支持，以及省内和沈阳市各新闻媒体的相助，同时也得到省气象局及直属单位的支持，在此一并表示感谢！

2013 年 3 月

辽宁气象灾害图志

LIAONING QIXIANG ZAIHAI TUZHI

辽宁省气象局史志办公室　编

气象出版社
China Meteorological Press

内 容 简 介

本书收录了近百年来辽宁省所发生的涝、旱、风、雹等气象灾害以及泥石流、海冰等气象衍生、次生灾害的600多幅图片及灾情简介，其中不乏珍贵的史料，具有较好的资鉴作用和收藏价值；还将对宣传气象，进行防灾减灾教育起到一定作用。

图书在版编目（CIP）数据

辽宁气象灾害图志 / 辽宁省气象局史志办公室编.
—北京：气象出版社，2014.3
ISBN 978-7-5029-5901-2

I. ①辽… II. ①辽… III. ①气象灾害—灾害防治—工作概况—辽宁省—图集 IV. ①P429-64

中国版本图书馆CIP数据核字（2014）第047231号

Liaoning Qixiang Zaihai Tuzhi
辽宁气象灾害图志
辽宁省气象局史志办公室 编

出版发行：气象出版社
地　　址：北京市海淀区中关村南大街46号　　邮政编码：100081
总 编 室：010-68407112　　发 行 部：010-68409198
网　　址：http://www.cmp.cma.gov.cn　　E-mail：qxcbs@cma.gov.cn
责任编辑：白凌燕　　终　　审：章澄昌
封面设计：博雅思企划　　责任技编：吴庭芳
印　　刷：北京地大天成印务有限公司
开　　本：787mm×1092mm 1/16　　印　　张：8
字　　数：200千字
版　　次：2014年4月第1版　　印　　次：2014年4月第1次印刷
定　　价：60.00元
